Über die Bedeutung der Pilze
für das
Leben des Waldes.

Grundriß zur Vorlesung des Professor Dr. Möller
an der Forstakademie Eberswalde.

Als Manuskript gedruckt.

Eberswalde 1909.

ISBN 978-3-662-31823-2   ISBN 978-3-662-32649-7 (eBook)
DOI 10.1007/978-3-662-32649-7

Die Vorlesung, deren Grundriß vorliegt, ist an der Forstakademie Eberswalde zuerst im Winter 1899/1900 und dann regelmäßig in jedem Wintersemester in je etwa dreizehn zweistündigen Vorträgen gehalten worden. Der Vortrag wurde durch Lichtbilder erläutert, welche in der Zahl von mehr als 300 allmählich für den besonderen Zweck hergestellt worden sind. Die notwendige Verdunkelung des Hörsaales erschwert es dem Zuhörer, sich Notizen zu machen. So entstand der Wunsch nach einem gedruckten Grundriß der Vorlesung.

Herr Oberförster Haack, z. Z. Assistent bei der mykologischen Abteilung der Hauptstation des forstlichen Versuchswesens, hat sich der Mühe unterzogen, den Grundriß unmittelbar nach den einzelnen Vorlesungen zu entwerfen. Der Entwurf ist dann von mir überarbeitet worden.

Möller.

Einleitung.

Die Mykologie (ή μύκης = Pilz) als Wissenschaft hat sich erst in der zweiten Hälfte des 19. Jahrhunderts entwickelt. Ihre schnelle Entwicklung verdankte diese Wissenschaft der großen praktischen Bedeutung der von ihr zu lösenden Aufgaben. Medizin: Bakteriologie, Infektionskrankheiten, Anti= und Asepsis; Landwirtschaft: Tier= und Pflanzenkrankheiten, Düngerlehre, Hefe= und Gärungsindustrie.

Zur Entwicklung der Forstwissenschaft kann und wird die Mykologie mitwirken nicht nur, weil manche Pilze wirtschaftlich bedeutungsvolle Feinde forstlicher Kulturpflanzen sind, sondern vielmehr um der Bedeutung willen, welche den Pilzen im Waldboden zukommt.

Vorbedingung für die Entwicklung der Mykologie war die Vervollkommnung des Mikroskops, das, seit 1600 bekannt, doch erst 1810—1840 durch Fraunhofer (München), Chevalier (Paris), Amici (Modena) zu einem brauchbaren wissenschaftlichen Werkzeug gemacht und in neuerer Zeit durch Abbe (Jena) zur höchsten Vollkommenheit gebracht wurde.

Noch im Anfang des 19. Jahrhunderts herrschten über die Pilze und ihre Entstehung die unklarsten Vorstellungen, man sah sie als Produkte der Fäulnis an und wußte nicht, daß auch für sie gilt: omne vivum ex ovo, omnis cellula ex cellula.

Der älteste Zweig der Mykologie ist die Systematik, welche die Formen mehr oder weniger willkürlich zum Zwecke gegenseitiger Verständigung zu gruppieren sucht. Die bedeutendsten mykologischen Systematiker sind:

Linné 1707—78.

Persoon 1822: Mycologia europaea.

Elias Fries 1794—1878: Systema mycologicum.

Fries lebte in Upsala, ist ausgezeichnet durch scharfe Beobachtung und kurze meisterhafte Charakterisierung der einzelnen Formen.

Das größte systematische Sammelwerk begann seit 1882 Saccardo in Padua: Sylloge fungorum omnium hucusque cognitorum (18 Bände; über 50000 Arten).

Entwicklungsgeschichte der Pilze, Fortpflanzungslehre, vergleichende Morphologie und Biologie und auf Grund dieser Kenntnisse eine wissenschaftlich begründete neue Systematik förderten durch ihre Arbeiten:

Die Brüder Louis René und Charles Tulasne (Paris) die 1861/65 in drei Prachtbänden ihre Selecta fungorum Carpologia herausgaben, ein von idealer Begeisterung durchdrungenes Werk, zeugend von unermüdlicher Arbeit und schärfster Beobachtungsgabe (Entdeckung der vollständigen Entwicklung des Mutterkornpilzes);

Anton de Bary 1831—1888: (Professor in Halle und Straßburg) Vergleichende Morphologie der Pilze 1884 (Entdeckung des Wirtswechsels des Getreiderostpilzes);

Oskar Brefeld (Professor in Eberswalde, Münster i. W., Breslau) gibt seit 1872 heraus: Untersuchungen aus dem Gesamtgebiete der Mykologie. (Begründer des natürlichen, auf der vergleichenden Morphologie beruhenden Systems der Pilze.)

Zu vielseitiger weiterer Forschung bildeten den Ausgangspunkt die Fragen nach:

1. dem Polymorphismus
2. dem Parasitismus
3. der Sexualität der Pilze.

1. Die Pilze sind nicht, wie ältere Forscher glaubten, regellos unbestimmt in ihren Formen, sondern eine jede Art ist in ihrer Form genau so fest bestimmt wie irgend eine Pflanzen= oder Tierspezies. Der Entwicklungsgang einer und derselben Art kann aber recht kompliziert sein und nacheinander recht verschiedene, dabei dennoch fest bestimmte und nur ihr eigentümliche Entwicklungsformen umfassen. Wie im Entwicklungsgange eines Schmetterlings Ei, Raupe, Puppe und Schmetterling als Entwicklungszustände einer bestimmten Art aufeinander folgen, so können im Entwicklungsgange einer Pilzart äußerlich sehr verschieden aussehende Formen vereint sein (Mutterkorn).

Manche Pilze leben in verschiedenen Erscheinungsformen auf verschiedenen Wirten (Getreiderost; Berberitze).

Fortschritte auf diesem Forschungsgebiete bedingten die Ausbildung geeigneter Untersuchungsmethoden: Reinkultur in durchsichtigen Nährmedien, von einer Spore ausgehend, deren Keimung und weitere Entwicklung ständig unter dem vervollkommneten Mikroskop beobachtet wurde, bis die Pilzpflanze zur Erzeugung der Ausgangsspore gefördert war.

Die Botaniker (Nägeli=München, Cohn=Breslau, Brefeld) zeigen den Weg, dessen energische Verfolgung die Medizin (Koch) zu staunenerregenden Ergebnissen führt (Chirurgie, Infektionskrankheiten, Serumtherapie). Die Gärungsindustrie wird auf neue Grundlage gestellt durch die Forschungen Pasteurs (1870) und des Dänen Hansen. Den Forstleuten zeigen die Bedeutung der Pilze Göppert (Breslau), Robert Hartig und Brefeld.

2. Die Pilze, soweit sie parasitisch leben, sind nicht von Hause aus Parasiten, sondern haben sich der parasitischen Lebensweise im Laufe langer Zeiträume angepaßt. Zwischen Saprophyten und Parasiten besteht keine strenge Grenze. Auch ausgesprochene Parasiten können saprophytisch ernährt werden. Brefeld kultivierte die Brandpilze in künstlichen Nährlösungen und lehrte ihr Vorkommen in der gedüngten Ackererde. Unter diesem Gesichtspunkt sind die sogenannten Symbiose=Erscheinungen, die Vereinigung von Algen und Pilzen zu Flechten (Schwendener), das Zusammenleben von Bakterien mit Leguminosen (Wurzelknöllchen), von Fadenpilzen mit Wurzeln verschiedener Pflanzen insbesondere der Waldbäume (Mycorrhizen) zu betrachten.

3. Über die Sexualität der Pilze herrscht noch heute Meinungsverschiedenheit.

Die Teilung der Pflanzen in Phanerogamen und Kryptogamen (Linné) stammt aus einer Zeit, welche zwar Geschlechtertrennung bei allen Pflanzen aus philosophischen Gründen vermutete, aber bei den Kryptogamen noch keinerlei Geschlechtsorgane kannte.

Erst 1850 stellt Hofmeister die Sexualität bei den Kryptogamen fest; man fand sie dann bei Farnen, Moosen, Algen und auch bei niederen Pilzen. Man glaubte nun, Trennung der Art in zwei Geschlechter sei ein allgemeines Gesetz der organischen Welt, und suchte nach den Geschlechtsorganen der Pilze. Unzählige mühsame

Arbeiten beschäftigen sich bis in die neueste Zeit mit der Aufdeckung der vermuteten oder vermeintlichen Sexualitätsvorgänge der höheren Pilze. (Schule de Barys.) Demgegenüber behauptet Brefeld, Sexualität kommt nur den niederen algenähnlichen Pilzen zu. Die ganze Masse der höheren Pilze entbehrt der Sexualität. Die Fruchtformen aller höheren Pilze entstehen ungeschlechtlich. Wenn seit Hofmeister für den Aufbau des natürlichen Systems der grünen Pflanzen die vergleichende Betrachtung der Sexualorgane und der embryonalen Entwicklung das Leitmotiv geworden ist, so ist das natürliche System der Fadenpilze nur durch vergleichend morphologische Betrachtung der zu immer größerer Formbestimmtheit sich steigernden ungeschlechtlichen Fruktifikationen (Ascus und Basidie) zu begründen.

Berechtigung gewinnt eine Teilung dreier organischer Reiche:
1. Reich der grünen Pflanzen (geschlechtliche Fortpflanzung und Assimilation),
2. Tierreich (geschlechtliche Fortpflanzung, Ernährung aus vorgebildeter organischer Substanz),
3. Pilzreich (ungeschlechtliche Fortpflanzung, Ernährung aus vorgebildeter organischer Substanz).

Wenn wir eine solche Einteilung der organischen Natur in die genannten drei Reiche vornehmen, dürfen wir doch nie vergessen, daß diese Einteilung von uns nur angenommen ist, um uns eine Gruppierung und Orientierung in dem reichen Formengebiet zu ermöglichen. Die Natur hat nicht nach solcher Schablone geschaffen. Die von uns festgesetzten Unterscheidungsmerkmale, welche für die im System jeweilig höher stehenden Organismen so deutlich in die Erscheinung treten, sind bei den niedrigen Organismen nicht in gleicher Weise hervortretend; hier sind Übergänge häufig, und selbst bei im System hochstehenden Pflanzen kommen abweichende Erscheinungen vor.

Es gibt keine Definition, welche unter allen Umständen Tier und Pflanze zu unterscheiden ermöglicht.

Linné sagte: „animalia sentiunt", haben Nerven. Aber auch die Pflanzen haben Empfindungsvermögen (Sinnesorgane: Haberlandt), Geotropismus, Heliotropismus, Sinnpflanzen. Die Tiere sollen durch willkürliche Eigenbewegung charakterisiert werden; aber Seerosen sind fest gewachsene Tiere, bei Algen und manchen Pilzen kommt freie Bewegung (Schwärmer) vor. Die höheren Tiere haben einen inneren Verdauungsapparat (Mund bis After). Manche niederen

Tiere aber nehmen wie die Pflanzen die flüssige Nahrung durch die äußere Zellwand auf.

Auch bei Zugrundelegung unserer Einteilung in grüne Pflanzen, Tiere und Pilze kommen Übergänge und Ausnahmen vor: Insektenfressende Pflanzen (Drosera) nehmen organische Nahrung; hoch im System stehende Pflanzen haben kein Chlorophyll, assimilieren also nicht (Neottia, Monotropa); gewisse Infusorien dagegen besitzen Chlorophyll.

Ob man sie zu den Pflanzen oder zu den Tieren zu rechnen habe, war lange Zeit für die Bakterien zweifelhaft. Dujardin (Rennes) und Ehrenberg (Berlin) wiesen sie dem Tierreich zu. Cohn (Breslau) bezeichnet sie 1853 als Algen. Jetzt zählt man sie nach Nägeli (München) zu den Pilzen. Und die Spaltpilze sind Pilze, weil sie niemals Chlorophyll haben, sich immer ungeschlechtlich vermehren und weil sie vielfach in ihrer Formgestaltung große Ähnlichkeit mit Bildungen aufweisen, deren Zugehörigkeit zu den höheren Pilzen erwiesen ist (Oidien).

Kapitel I.

Einteilung des Reiches der Pilze. Allgemeine Übersicht.

Die Pilze teilen wir ein in
a) Schleimpilze (Myxomyceten),
b) Spaltpilze oder Bakterien (Schizomyceten),
c) Fadenpilze (1. Phycomyceten, 2. Mesomyceten, 3. Mycomyceten).

Schleimpilze, Spaltpilze und Fadenpilze unterscheiden sich ganz scharf voneinander durch die einer jeden dieser Reihe eigene charakteristische Form der Entwicklung des Pilzes. Übergangsformen, deren Stellung zu einer oder der anderen dieser Gruppen zweifelhaft sein könnte, sind zurzeit kaum bekannt (Myxobakterien).

a) Schleimpilze.

Bei der Keimung platzt die Hülle der Spore und entläßt ein freies von keiner Haut umgebenes Plasmaklümpchen (Amöbe); die

Amöben bewegen sich tierartig (Pseudopodien = Ausstülpungen des Plasmakörpers, denen Einziehungen an anderer Stelle entsprechen); sie wachsen und teilen sich. Nach längerer Vermehrung fließen sie zu größeren Massen zusammen (Plasmodien). Auch in dieser Form noch Bewegung. Schließlich umgibt sich das Plasmodium mit einer Haut, in deren Innerem gleiche Sporen sich bilden, wie die, aus denen die Amöben entstanden. Aus manchen Plasmodien bilden sich reich differenzierte Fruchtkörper in deren Innerem die Sporen oftmals zwischen zierlichem Haargeflecht (capillitium) liegen.

Es sind nur ca. 400 Arten bekannt. Sie leben meist auf moderndem Holz, Blättern und anderen organischen Substraten, sind ohne wirtschaftliche Bedeutung.

Plasmodiophora brassicae lebt in Kohlrüben, dort krankhafte Anschwellungen und Fäulnis verursachend,

Aethalium septicum die Lohblüte auf Gerberlohe.

Zweifelhaft ist, ob die „Protozoën" zu den Schleimpilzen gehören, Pilze von amöboider Form und sehr geringer Größe; als Erreger der Malaria durch Grassi entdeckt.

b) Spaltpilze (Bakterien).

Die Bakterien vermehren sich durch einfache Zellteilung: sie wachsen durch interkalares Wachstum, bis sie die doppelte Größe erreicht haben; dann bildet sich eine die Teilung bewirkende Trennungsschicht. Diese Teilung geht, so lange brauchbare Nährstoffe vorhanden sind, sehr schnell von statten. Bei dem Heubazillus (Bacillus subtilis) z. B. erfolgt alle 20 Minuten eine Teilung. Ist der Nährstoff erschöpft, so werden Sporen gebildet, die bei Darreichung neuen Nährstoffes wieder in die Teilungsform übergehen, wobei sich die Teilungsebene um 90° verschiebt.

Die Sporenform (nicht bei allen Spaltpilzen bekannt) ist weit widerstandsfähiger als die Teilungsform; sie verträgt mehr Hitze, stärkere und längere Einwirkung der sterilisierenden Mittel.

Sterilisierungsmittel sind trockne Hitze, Dampf und Chemikalien (Pasteurisierung, fraktionierte Sterilisation).

Die Bakterien sind außerordentlich klein. Manche sind vielleicht kleiner als die mikroskopische Betrachtung zu erkennen gestattet. Feinste Mikroskope lassen noch $^1/_{10}\,\mu$ schätzen. Die Größen der meisten Bakterien bewegen sich zwischen 1 und 10 μ; der Heubazillus hat z. B. 6 μ.

Die Gestalt der Bakterien (βακτήριον) = Bazillen von bacillus ist verschieden: stäbchen=, kugel=, schrauben=, hakenförmig, oval, woher die Bezeichnungen Bazillen, Spirillen, Kokken.

B. subtilis (Heubazillus),

Typhusbazillus (mit 10—14 Geißeln, dem der Bacillus coli ähnelt),

Tuberkelbazillus (von Koch entdeckt),

Cholerabazillus (von Kommaform, gegen den Tiere immun sind),

Diphtheriebazillus (von Löffler entdeckt),

B. phosphorescens, mit dessen Leuchtkraft Molisch in Prag operiert hat.

Die Beobachtung der Bakterien erfolgt unter Anwendung starker Vergrößerungen (Immersionssysteme) lebend, im hängenden Tropfen, oder abgetötet in gefärbten Dauerpräparaten (Anilinfarben). Reinkulturen werden durch das Verdünnungsverfahren in sterilen Nährlösungen auf sterilisierten Kochschen Platten oder in Petrischäl= chen bei geeigneter Temperatur (Thermostat) gewonnen und von dort für weitere Züchtung (in Reagensröhrchen) abgeimpft.

Demonstration der Arbeitshilfsmittel und Methoden bakterio= logischer Forschung.

c) Die Fadenpilze.

Aus der Spore wächst ein Faden (Hyphe), der sich verzweigt und aus dem ein Fadengeflecht (Mycelium) sich entwickelt. Wie kompliziert auch der ganze Pilz aufgebaut sein mag, er besteht doch in allen seinen Teilen nur aus (oft eng verflochtenen, und durch Brücken oder Anastomosen verbundenen) Fäden (Pseudoparenchym oder Plectenchym). Die Fadenpilze sind die an Arten reichste der drei Gruppen des Pilzreiches.

Kapitel II.
Die Bedeutung der Spaltpilze für das Leben des Waldes.

1. Alle organische Substanz wird mit (Verwesung) oder ohne Sauerstoffzutritt (Fäulnis) wieder in die anorganischen Urbestand= teile zurückgeführt. Bei der Verwesung (Oxydation) spielen die Bakterien, bei der Fäulnis (Reduktion) die Fadenpilze die Haupt=

rolle. So müssen auch auf dem Waldboden alle organischen Abfälle mit Hilfe der Pilze wieder zersetzt werden. Je gesünder ein Boden, um so schneller und vollkommener vollzieht sich dieser Prozeß; es findet eine völlige Zerlegung der organischen Reste in CO_2, H_2O, NH_3 und N_2O_5 statt; es überwiegt hier die Zahl der Bakterien die der Fadenpilze (Entstehung des Mullbodens). Herrschen dagegen die Fadenpilze vor, so kommt es nur zu einer unvollständigen Zersetzung der Bodenstreu (Reduktion); es bilden sich Rohhumusanhäufungen (Entstehung der Rohhumusböden).

Gesund bleibt der Boden, wenn die Bakterienwelt möglichst günstige Lebensbedingungen in ihm findet: Gleichmäßige Feuchtigkeit, kein zweitweises völliges Austrocknen, keine stagnierende Nässe — Durchlüftung — Abwesenheit schädlicher Säuren.

Ramann untersuchte Böden von zwei dicht nebeneinander liegenden Versuchsflächen der Oberförsterei Eberswalde: „Anzahl u. Bedeutung niederer Organismen in Wald- und Moorböden", Zeitschrift f. Forst- u. Jagdwesen 1899:

Fläche I: Kiefern-Bestand mit Buche unterbaut (Mullboden)
„ II: Derselbe Bestand von reinen Kiefern auf gleichem Boden mit reichlicher Moos- und Heidelbeerdecke (Rohhumus).

Fläche	% Säure	Bakterien	Fadenpilze	Sa. Organismen	Verhältnis von Bakterien	Fadenpilzen
Ia Streu . . .	0	35 000 000	60 000	35 060 000	100	0,17
Ib Mullboden .	0,251	376 000	644 000	1 020 000	100	171
IIa Rohhumus .	0,653 bis 0,982	1 647 000	343 000	1 990 000	100	20,8
IIb Boden unter dem Rohhumus	0,007	53 000	133 000	186 000	100	251

Die Untersuchungen ergaben, daß die Gesamtsumme der Organismen im Mullboden viel größer ist als im Rohhumus, und daß das Verhältnis der Bakterien zu den Fadenpilzen im Mullboden viel größer ist, und ferner daß die Zahl der Bakterien mit zunehmender Bodentiefe außerordentlich schnell abnimmt.

Die Wirkung des Austrocknens auf die Humusablagerungen und die oberste Bodenschicht ist nicht nur eine physikalische, sondern auch eine biologische. Die unsichtbare Flora wird durch Austrocknung noch mehr, als die sichtbare verändert.

Es enthielt in 1 ccm Boden
der beschattete Boden 432000 Bakterien u. 325000 Fadenpilze.
der im selben Jahre
freigestellte Boden 14000 „ „ 432000 „

Auf diesem ganzen Gebiet ist bisher nur orientierend gearbeitet. Es ist anzunehmen, daß jeder Boden=Bonität eine ganz bestimmte Flora von Mikroorganismen eigen ist, deren Erforschung unseren waldbaulichen Grundanschauungen vielleicht eine ganz neue Richtung zu geben vermag.

Jetzt schon hat die Bodenkunde durch die erwähnten Forschungen ein neues Arbeitsgebiet gewonnen. War diese Wissenschaft in ihren Anfängen von der chemischen Untersuchung der Böden ausgegangen, so hatte sie bald sich überzeugen müssen, daß chemische Analyse allein den Wert des Bodens für Pflanzenzucht aller Art nicht sicher festzustellen vermöge. Zur Chemie des Bodens trat ergänzend die Physik des Bodens und große Fortschritte ergaben sich aus dieser erweiterten Betrachtungsweise. Hinzu kommt nun die biologische Bodenforschung, welche die Bodenkunde mit der Mycologie aufs engste in Berührung bringt.

2. Durch mycologische Forschung ist über den Kreislauf des Stickstoffs in der Natur nach vielen Richtungen Klarheit geschaffen worden.

Die Pflanzenphysiologie lehrte, daß der Stickstoff der Luft von den Pflanzen nicht aufgenommen werden kann, daß sie ihre unentbehrliche Stickstoffnahrung im wesentlichen nur aus salpetersauren Verbindungen zu beziehen vermögen. An dem in gebundener Form in der Pflanzenwelt aufgespeicherten Stickstoffkapital entstehen aber täglich Verluste durch Fäulnis, Verwesung, Tätigkeit denitrifizierender Bakterien, Brände. Woher bezieht die Pflanzenwelt den gebundenen Stickstoff wieder, um die Verluste auszugleichen? Hellriegel und Willfarth zeigen 1888, daß die Leguminosen vermöge ihrer Bakterien beherbergenden Wurzelknöllchen den freien Stickstoff der Atmosphäre assimilieren. Gleiches vermögen Alnus, Hippophae, Elaeagnus.

Eine Stickstoffbindung in der Waldstreu (entweder mit Hilfe von Bakterientätigkeit oder Ammoniakbindung durch Humussäuren) vermutete schon Ramann.

Winogradsky entdeckt frei im Boden lebende Bakterien (Clostridium Pasteurianum), welche freien Stickstoff assimilieren.

Derselbe entdeckt die Nitrit- und Nitratbakterien, welche Ammoniak in salpetrige Säure und letztere in Salpetersäure verwandeln (organisches Leben ohne Kohlensäure als Quelle).

3. Wird in der Natur die richtige Stickstoffbilanz auch immer wieder hergestellt, so tritt doch Erschöpfung dieses Nährstoffes sicher ein, wenn landwirtschaftliche Ernten von demselben Boden mehrmals ohne Zufuhr von Stickstoffdünger gewonnen werden. Stickstoffdüngung ist die teuerste Düngung. Beschaffung ausreichenden Stickstoffdüngers ist eine der bedeutsamsten Aufgaben der Landeskultur. Deutschland importiert jährlich ca. 5 Millionen dz = 500 000 Tonnen Chilisalpeter. Die Chilisalpeterlager gehen zu Ende. Daher Leguminosendüngung = Gründüngung; Künstliche Stickstoffbindung im elektrischen Flammenbogen unter Benutzung natürlicher Wasserkräfte. Kalziumzyanamid = Kalkstickstoff aus Kalziumkarbid und Stickstoff fabriziert. Moorkultur; Torfvergasung; schwefelsaures Ammoniak; elektrische Kraft; Kalkstickstoff.

4. Während die Bakterien als Erreger menschlicher und tierischer Krankheiten eine so bedeutsame Rolle spielen, treten sie als Krankheitserreger bei Pflanzen, wenigstens bei uns, verhältnismäßig seltener auf. An Hirse und Zuckerrohr hat man durch Bakterien erzeugte Krankheitserscheinungen beobachtet, der Eschenkrebs, Gallen an der Aleppokiefer und an Oliven sollen durch Bakterien verursacht werden. In dem bei uns nicht seltenen Schleimfluß verschiedener Laubbäume, welchen Ludwig untersuchte, treten Bakterien auf. (Gelegentliches Absterben von Chausseebäumen [Kastanien, Äpfel, Birken] beobachtet.)

5. Erreger von Tierkrankheiten: a) Flacherie, Schlaffsucht, Wipfeln der Nonnenraupen. Versuche zur Bekämpfung der Nonne durch Impfung mit Bakterienkulturen haben sich nicht bewährt.

Erfolge hat Löffler in Thessalien mit dem Mäusebazillus durch Auslegen von Bakterienbrot erzielt. 1904 hat Eberts in Kassel gleichfalls hiermit Mäuse erfolgreich bekämpft; andere erzielten keinen Erfolg. Wahrscheinlich kommt es bei dem Erfolg auf die Prädisposition der infolge der Massenvermehrung durch ungeeignete Nahrung geschwächten zu infizierenden Tiere an.

Kapitel III.
Mycodomatien und Mycorrhizen.

Eine besondere zusammenfassende Behandlung verdient die eigentümliche, in ihrem Zweck und Wesen noch nicht hinreichend geklärte Erscheinung des Zusammenlebens von Pilzen und Pflanzenwurzeln. Verschiedenartige Pilze (Bakterien wie Fadenpilze) sehen wir in so eigenartigem Zusammenleben mit Pflanzenwurzeln; bei dem Zusammenleben werden ganz typische Gebilde geschaffen, die eine gemeinsame Behandlung dieser Erscheinung trotz der Verschiedenheit der Erreger rechtfertigen. Wir unterscheiden 1. Mycodomatien (Pilzgehäuse) und 2. Mycorrhizen (Pilzwurzeln).

Zu den Mycodomatien gehören die schon erwähnten, von Bakterien hervorgerufenen und von solchen erfüllten Wurzelknöllchen der Leguminosen. Außer den Leguminosen kommen ähnliche Wurzelknollen auch bei den Elaeagnaceen (Elaeagnus und Hippophae, bei letzterer Kopfgröße erreichend) und bei den Erlen vor. Auch diese Pflanzen vermögen, wie die Leguminosen, Luftstickstoff zu assimilieren; daher die bodenbessernde Eigenschaft der Weißerle. Der in ihren Knollen lebende Pilz konnte noch nicht kultiviert werden. Seine Stellung im System ist noch ungewiß.

Mycorrhizen oder Pilzwurzeln sind im ganzen Reiche der grünen Pflanzen eine weitverbreitete, in ihrer Bedeutung noch nicht erklärte Erscheinung. An und in den Mycorrhizen finden wir nur Fadenpilze, nicht Spaltpilze. Man unterscheidet ektotrophe Mycorrhizen, bei denen das Pilzmycel wie ein Mantel die Wurzeln einhüllt, und endotrophe, bei denen sich die Mycelien im Innern der Wurzelzellen, oft in bestimmten Schichten derselben vorfinden. Nur Wasserpflanzen und einige artenreiche Familien, wie Cyperaceen, Cruciferen, Polypodiaceen scheinen der Mycorrhizen ganz zu entbehren. Alle Waldbäume besitzen Mycorrhizen (vielleicht mit Ausnahme der Esche), bei allen Coniferen und Cupuliferen sind sie regelmäßig vorhanden. Die Anschauung, daß die Mycorrhizen die Ernährung der Pflanzen aus dem Humus vermittelten, ist in dieser Allgemeinheit jedenfalls falsch. Bei der Kiefer sind die ektotrophen Mycorrhizen um so üppiger, je ärmer der Boden an Humus ist.

Schädlich sind die Mycorrhizen jedenfalls auch nicht. Dem gegenwärtigen Stand der sicheren Kenntnisse entspricht am besten die Auffassung eines ertragbaren Parasitismus (Gibelli: indigenato tollerato e tollerabile 1877!).

Kapitel IV.

Die Fadenpilze.

Durch die ungeheure Mannigfaltigkeit der Formen führt uns das System, worunter wir verstehen: den Ausdruck der nach Maßgabe unserer derzeitigen Kenntnisse möglichst besten Darstellung des natürlichen Verwandtschaftsverhältnisses der Formen zueinander (Blutsverwandtschaft). Unserer Darstellung auf S. 15 ist das von Brefeld begründete natürliche System der Pilze zugrunde gelegt.

Die Fadenpilze schließen sich in ihren vegetativen und fruktifikativen Teilen eng an die Algen an.

Die einfachste Form des vegetativen Thallus ist bei den Algen eine einfache Zelle. Schon unter den einzelligen Algen finden sich aber hochdifferenzierte Formen, wie die Siphoneen, deren Thallus eine oft sehr reiche Gliederung erfährt, ohne doch aus mehr als einer einzigen stark verzweigten schlauchförmigen Zelle zu bestehen. Weiter finden wir mehrzellige Algen, welche Zellfäden, Zellflächen, endlich Zellkörper kunstvollen Aufbaus darstellen. Genau so gibt es unter den Pilzen einzellige (Phycomyceten) und vielzellige (Meso- und Mycomyceten). Im Gegensatz zu den Algen sind alle Pilze chlorophyllfrei.

Das einfachste Fortpflanzungsorgan ist bei Algen und bei Pilzen die Schwärmspore, gebildet im Innern eines blasenförmigen Behälters, des Sporangiums. Ursprünglich geschlechtslos, differenzieren sich später die Sporangien in männliche (Antheridien) und weibliche (Oogonien). Neben den geschlechtlich gewordenen Fortpflanzungsorganen bleiben die ungeschlechtlichen bestehen, und von ihnen leiten sich sämtliche Fortpflanzungsorgane der höheren Pilze her.

Dadurch stellen sich die Pilze in einen grundsätzlichen Gegensatz nicht nur zu den Algen, sondern zu den grünen Pflanzen

Das Reich der Pilze.
Schleimpilze. Spaltpilze. Fadenpilze.

Grundplan des natürlichen Systems der Fadenpilze.

A. Algenähnliche Pilze oder Phycomyceten mit einzelligem Mycel und mit Sexualorganen.

I. Oomyceten,
z. B. Phytophtora omnivora, Buchenkeimlingspilz;
Phytophtora infestans, Pilz der Kartoffelkrankheit;
Peronospora viticola, Mehltau des Weines;
Empusa Muscae, Pilz der Stubenfliegen.

II. Zygomyceten,
z. B. Mucor Mucedo, Schimmelpilze.

B. Höhere Pilze mit gegliedertem Mycel und ohne Sexualorgane.

B. 1. Mesomyceten.

III. Hemiascomyceten,
z. B. Protomyces.

IV. Hemibasidiomyceten,
z. B. die Ustilagineen oder Brandpilze.

B. 2. Mycomyceten.

V. Ascomyceten.
a. Exoasci, z. B. Exoascus alni, carpini: Hexenbesen.
b. Carpoasci, z. B.:
Penicillium, Pinselschimmel;
Tuber, Trüffeln;
Nectria ditissima, Laubholzkrebs;
Clavicepos purpurea, Mutterkorn;
Lophodermium Pinastri, Schütte;
Peziza Willkommii, Lärchenkrebs;
Morchella, Helvella, Morcheln.

VI. Basidiomyceten.
a. Protobasidiomyceten, z. B. Urebineen = Rostpilze (Kiehnzopf).
b. Autobasidiomyceten, z. B.:
Thelephora;
Clavaria, Ziegenbart;
Hydnum, Stoppelschwamm;
Agaricus, Champignon, Hallimasch;
Merulius, Hausschwamm;
Polyporus, Kiefernwurzelschwamm;
Trametes, Kiefernbaumschwamm;
Gasteromyceten u. Phalloideen.

überhaupt. Während die grünen Pflanzen, von den Algen beginnend, durch die Moose und Farnpflanzen bis zu den Phanerogamen die geschlechtliche Fortpflanzung zu immer schärferer Ausbildung bringen, und durch sie die ungeschlechtliche verdrängen, erlischt im Gegenteil in der ebenfalls von den Algen ausgehenden Reihe der chlorophyllosen Pilze die Sexualität schon innerhalb der Gruppe der Phycomyceten, um die ungeschlechtliche Fruktifikation allein fortdauern zu lassen.

I. Oomyceten.

Die Oomyceten zeigen am deutlichsten die nahe Verwandtschaft mit den Algen; zum Teil (Saprolegnien) leben sie wie jene submers und sind der Verbreitung durch das Wasser angepaßt (Sporangien mit Schwärmsporen).

Ungeschlechtliche Sporangien mit ungeschlechtlichen Schwärmsporen kommen häufig vor.

Das Sporangium, wenn es nur noch eine nicht mehr ausschwärmende Spore enthält, wird zur Conidie. Geschlechtliche weibliche Sporangien (Oogonien) werden durch geschlechtliche männliche Sporangien (Antheridien) befruchtet. Es entsteht die geschlechtlich erzeugte Oospore. Der Rückgang der Geschlechtlichkeit läßt sich in verschiedenen Reihen Schritt für Schritt bis zum Erlöschen verfolgen.

Beispiele:

Peronospora viticola, der falsche Mehltau des Weinstockes. Zu Anfang des Sommers treten auf der Unterseite der Blätter, auch am Stengel und an den Früchten die ungeschlechtlichen Conidien (Sporangienträger) als Schimmelrasen auf. Geschlechtlich erzeugte Oosporen überwintern im Laube. Cornu macht auf die Einwanderung des Pilzes aus Amerika schon 1873 aufmerksam; 1879 erscheint er in Italien, 1882 in Deutschland. Gegenmittel: Kupferbrühe, Verbrennen des welken Laubes.

Phytophtora omnivora auf den Blättern von Buchenkeimlingen (auch von anderen Keimpflanzen) im Mai—Juni erst Flecken bildend, dann die ganzen Pflanzen tötend. Es überwintern die Oosporen. Im Sommer findet die Verbreitung durch die ungeschlechtlichen Conidien (Sporangien) statt (Verbreitung an Fußsteigen in Buchenverjüngungen). Gegenmittel: Kupferbrühe, Aufgeben verseuchter Kämpe.

Phytophtora infestans, aus Süd-Amerika mit Guanoschiffen 1845/46 zu uns gebracht, bildet anfangs auf den Blättern der

Kartoffel Schimmelrasen, bewirkt weiter auch Fäulnis der Knollen. Geschlechtliche Fortpflanzung fehlt!

Dem Leben im Wasser angepaßt sind die

Saprolegnien, welche an toten Insekten, lebenden Fischen und Krebsen sich entwickeln. Es sind Oogonien und Antheridien vorhanden; ein Übertritt von Zellinhalt zur Befruchtung ist oft nicht zu bemerken. Die ungeschlechtliche Fruchtform bilden Sporangien mit Schwärmsporen.

Bei den Entomophtoreen erfolgt die Verbreitung hauptsächlich durch Conidien, die vom Träger abgeschleudert werden (terrestrische Anpassung). Die Überwinterung sichern geschlechtlich erzeugte Dauersporen, die aber nicht bei allen Entomophtoreen sich finden. Hierhin gehören

Entomophtora radicans (auf den Raupen des Kohlweißlings),
Empusa muscae (auf der Stubenfliege),
Empusa aulicae (auf Liparis dispar).

II. Die Zygomyceten

sind charakterisiert durch die Zygospore, die durch Kopulation zweier gleicher Myceläste entsteht.

Außer der die Dauerform darstellenden Zygospore kommen in großer Mannigfaltigkeit Sporangien- und Conidienbildungen vor.

Für den Rückgang der Geschlechtlichkeit ist bezeichnend, daß die Zygospore auch am Ende eines Fadens, also ohne Zellvereinigung entstehen kann (Azygospore). Es gehören hierher sehr viele als Schimmelpilze gewöhnlich bezeichnete, auf verwesenden organischen Stoffen lebende Formen von oft erstaunlich zierlicher und schöner Gestalt (Mucor Mucedo, Rhizopus nigricans).

Alle Fruchtformen der höheren Pilze lassen sich auf die bei den Zygomyceten vorkommenden zurückführen. Es gibt einen in Indien und Brasilien vorkommenden Zygomyceten (Choanephora), in dessen Entwicklungsgang sämtliche Fruchtformtypen auftreten, die im Reiche der höheren Pilze uns begegnen. Die Figur (Seite 18) bringt die Verhältnisse schematisch zur Darstellung.

Aus dem Sporangium der Phycomyceten, welches unbestimmt nach Größe und Sporenzahl ist, leitet sich der Ascus her, die charakteristische Fruchtform der Ascomyceten, welcher aufzufassen ist als ein nach Form und Sporenzahl (meist 8) bestimmt gewordenes Sporangium.

Den Übergang vermitteln die Hemiascomyceten, welche im Gegensatz zu den Phycomyceten ein von Anfang an septiertes Mycel haben, und deren Sporangium ascusähnlich genannt werden kann.

Aus dem Conidienträger der Phycomyceten, welcher unbestimmt nach Größe und Sporenzahl ist, leitet sich die Basidie her, die charakteristische Fruchtform der Basidiomyceten, welche aufzufassen

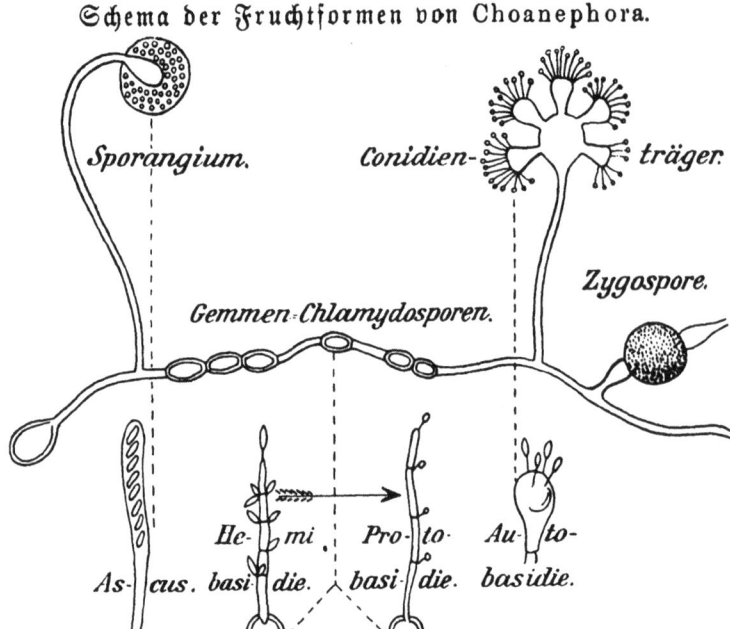

Schema der Fruchtformen von Choanephora.

ist als ein nach Form und Sporenzahl (meist 4) bestimmt gewordener Conidienträger.

Den Übergang vermitteln die Hemibasidiomyceten, welche im Gegensatz zu den Phycomyceten ein von Anfang an septiertes Mycel haben, und deren Conidienträger basidienähnlich genannt werden kann.

Als Nebenfruchtformen kommen bei den Ascomyceten vor: Chlamydosporen und Conidien mannigfachster Bildung, auch Hefeconiden, oft mehrere Formen im Entwicklungsgang eines und desselben Pilzes, nie aber, soweit bekannt, eine zur Bestimmtheit der Form und Sporenzahl entwickelte Conidienform.

Als Nebenfruchtformen kommen bei den Basidiomyceten vor: Chlamydosporen mannigfachster Bildung wie Uredo- und Teleutosporen, Aecidien; oftmals mehrere Formen im Entwicklungsgange eines und desselben Pilzes (Rostpilze), außerdem Conidien aller Art, auch Hefeconidien, niemals aber, soweit bisher bekannt, Sporangien. Sporangien sind auch als Nebenfruchtform eines Ascomyceten unbekannt, obwohl ihr Vorkommen nach den vorgetragenen Anschauungen wohl denkbar wäre.

III. Hemibasidiomyceten.

Hierher gehören die für die Landwirte besonders wichtigen schädlichen Parasiten der Getreidepflanzen, z. B.

Ustilago segetum, der Flugbrand des Hafers,
     „   hordei,   „   „   der Gerste,
     „   Tritici,   „   „   des Weizens,
Tilletia caries, der Schmierbrand   „   „
Ustilago Maydis, der Beulenbrand des Mais.

Aus den an Stelle des befallenen Getreidekornes in dunklen Massen gebildeten Brandsporen wächst (nicht bei allen Arten) die Hemibasidie; die daran gebildeten Conidien vermehren sich in geeigneten Nährlösungen und im gedüngten Acker als Hefen unbegrenzt weiter.

Trifft eine Hefeconidie auf das junge Gewebe einer eben keimenden Getreidepflanze, so keimt sie zum Schlauch aus, der mit der Wirtspflanze im Vegetationspunkt bis in die Fruchtanlage mitwächst; hier verzweigt er sich, verwandelt das ganze Korn in Pilzgeflecht, das in Chlamydosporen (Brandsporen) zerfällt. — Gegen diese Art der Infektion schützt man sich, indem man die dem Getreide beigemengten Brandsporen durch Beizen mit Kupfer tötet und frische, die Hefebildung begünstigende Stallbüngung vermeidet.

Die Erfahrung zeigte aber, daß trotz dieser Vorkehrungen der Brand noch immer vorkam. Dies brachte Brefeld, dessen Jahrzehnte langer Arbeit in erster Linie die Kenntnis der Entwicklungsgeschichte der Brandpilze verdankt wird, auf eine neue Untersuchungsrichtung, die ergab, daß die Brandsporen — was nach den früheren Forschungen nicht der Fall zu sein schien — mancher Brandpilze auch die Blüten der Gräser zu infizieren vermögen; die Krankheit tritt aber dann erst nach Jahresfrist in die Erscheinung; das infizierte Korn scheint gesund, liefert eine scheinbar gesunde Pflanze; es birgt aber in sich das mitwachsende Mycel, das in der reifenden Ähre den Brand wieder erscheinen läßt (Aussaat brandfreien Kornes und rechtzeitiges Abpflücken der Brandähren sind Gegenmittel).

Im einzelnen ist die Entwicklung bei verschiedenen Arten verschieden. Bei dem Flugbrand der Gerste und des Weizens wird in die Blüte infiziert, beim Hafer nur in die jungen Gewebe. Der Maisbrand infiziert dagegen überall, selbst an Stamm und Wurzel.

Die Hefepilze, welche viele Mycologen für eine besondere selbständige Klasse des Pilzreiches ansehen, beurteilen wir als Conidienzustände von Ascomyceten und Basidiomyceten. Wie aus den Sporen der Brandpilze, so sind Hefen auch aus den Sporen sehr vieler anderer höherer Pilze gezüchtet worden.

Damit ist nicht gesagt, daß zu jeder Heseform der zugehörige höhere Pilz gefunden werden muß, und daß jede Hefe wieder in diese höhere Form zurückgeführt werden kann. Es ist wohl denkbar, daß manche Hefen (wie die Gärung erzeugenden Hefen, welche die Menschen schon seit Jahrtausenden unbewußt und neuerdings bewußt züchten) die Fähigkeit verloren haben, ihre Entwicklung wieder umzusteuern in die Form des höheren Pilzes; es mögen auch die Stammeltern gar inzwischen ausgestorben sein und die Hefen sich nun seit Jahrtausenden nur in Heseform fortpflanzen.

Die Erzeugung der Alkoholgärung ist aber kein die Bildung einer besonderen Pilzklasse rechtfertigendes Charakteristikum. Wie die Untersuchungen Buchners zeigen, ist die Gärung nicht unbedingt an die Lebenstätigkeit der Hefepilze gebunden, sondern ist zurückzuführen auf einen im Saft eben nur mancher Hefen vorkommenden Stoff (die Zymase), der auch ohne eine Lebenstätigkeit der Pilze Gärung hervorruft.

IV. Basidiomyceten.

Während ein gewöhnlicher Conidienträger (ebenso wie auch die Hemibasidie der Ustilagineen) an Stelle der an beliebigem Orte (seitlich oder an der Spitze) hervorgesproßten Conidien, wenn sie abgefallen sind, immer neue produziert, erzeugt die nach der Form bestimmt gewordene Basidie der Basidiomyceten nur einmal an bestimmter Stelle eine bestimmte Anzahl Sporen von bestimmter Größe, nach deren Lostrennung sie zusammensinkt und vergeht. Die Sporen werden an der Basidie auf einem Stiel (sterigma) gebildet.

Bei den Protobasidiomyceten sind die Basidien durch Querwände geteilt, mehrzellig.

Bei den Autobasidiomyceten sind die Basidien ungeteilt.

Als Nebenfruchtformen kommen bei den Basidiomyceten Conidien und Chlamydosporen vor.

A. Protobasidiomyceten.

Die mehrzelligen Basidien (Protobasidien) der Protobasidiomyceten schließen sich morphologisch eng an die gleichfalls mehrzelligen Hemibasidien der Hemibasidiomyceten an.

Je nachdem die Protobasidien horizontal oder vertikal geteilt sind, je nachdem sie frei auf dem Mycel stehen oder in Fruchtkörpern gebildet werden, zerfallen die Protobasidiomyceten in verschiedene Familien (Uredineen, Auricularieen, Pilacreen, Tremellinen u. a.).

Die Nebenfruchtformen sind bei den Protobasidiomyceten besonders vielgestaltig und reich entwickelt: Hefeconidien und andere Conidien, diese wieder frei und auch zu Fruchtkörpern vereint; außerdem Chlamydosporen in verschiedener Form, als Äcidien, Uredo- (Sommer-) und Teleuto- (Winter-) Sporen. Aus den Teleutosporen keimt die Protobasidie.

Von besonderer praktischer Bedeutung sind die Uredineen, die Rostpilze, als Krankheitserreger vieler Kulturpflanzen insbesondere auch der Waldbäume.

Eigenartig tritt uns bei manchen Rostpilzen der Wirtswechsel entgegen: Der Pilz braucht zu seiner Entwicklung zwei Wirtspflanzen, die meist ganz verschiedenen Gattungen angehören. So lebt der Getreiderost, *Puccinia graminis*, auf Getreidehalmen und dem Blatt der Berberitze. Auf dem befallenen Berberitzenblatt treten im Frühjahr an der Oberseite zunächst die sehr kleinen Pykniden auf, Conidienfrüchte (früher Spermogonien genannt), deren Conidien zur Verbreitung der Krankheit nicht beizutragen, die bedeutungslos geworden zu sein scheinen; bald darauf brechen an der Unterseite Äcidien hervor, von einer Hülle (Peridie) umgebene Chlamydosporenfrüchte. Die Äcidiensporen keimen nicht auf der Berberitze, sondern auf Gramineen und bringen hier bald Uredosporen in offenen Lagern hervor, die den ganzen Sommer über auf anderen Halmen keimend die Krankheit verbreiten. Zum Herbst werden in denselben Lagern dickwandige Teleutosporen gebildet, die im

Gegensatz zu Äcidien- und Uredosporen zweizellig sind und überwintern. Im Frühjahr keimen sie zur Protobasidie aus, deren Sporen wieder Berberitze infizieren. So ist der Kreislauf geschlossen.

Der Wirtswechsel ist bei den Rostpilzen häufig, keineswegs aber allen eigen. Von vielen zweifellos wirtswechselnden Formen

Schema der Fruchtformen der Protobasidiomyceten.

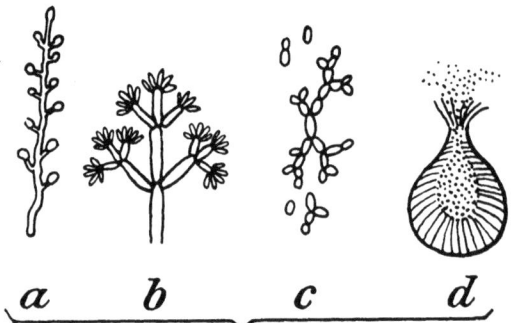

a b freie Conidienträger, c Hefeconidien, d Pycniden = Conidienfruchtkörper.

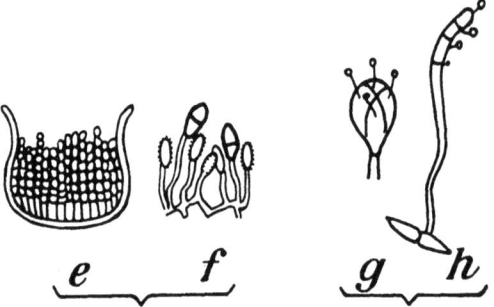

e f Chlamydosporen: Äcidien (e), Uredo und Teleuto (f), g quergeteilte, h längsgeteilte Protobasidie.

kennt man noch nicht ihre Zusammengehörigkeit. Man kennt viele einzelne Äcidien, Uredo- und Teleutoformen und hat jede Form für sich benannt (z. B. Aecidium berberidis und Puccinia graminis). Wird der Wirtswechsel festgestellt, so muß der Pilz einen Namen haben und zwar den der Teleutoform, weil die Teleutospore mit der auskeimenden Protobasidie die Stellung im System bedingt.

Der Äcidien-Name (Aecidium berberidis) muß fallen und der Teleuto-Name (Puccinia graminis) bleibt.

Im Aussehen und in der Anordnung der Sporen bestehen manche Verschiedenheiten; so können die Teleutosporen gestielt und ungestielt, ein- und zweizellig und mehrzellig sein; die Sporen können in offenen Lagern oder in ganz und halb geschlossenen Hüllen gebildet werden. Diese Verschiedenheiten sind bei Einteilung der Rostpilze in fünf Familien zugrunde gelegt:

1. Puccinieen (Puccinia graminis), 2. Phragmidieen (Phragmidium subcorticium, Rosenrost, der auf den Blättern der Rose die ganze Entwicklung durchmacht), 3. Melampsoreen (Melampsora, Calyptospora, Coleosporium, Chysomyxa, Cronartium), 4. Gymnosporangien (Gymnosporangium), 5. Endophylleen.

Forstlich von Bedeutung bezw. an Holzgewächsen auffallend sind: An der **Kiefer**:

Coleosporium senecionis, Kiefernadelrost. Äcidien im Mai-Juni an Kiefernadeln, dort auch das Mycel perennierend; Uredo und Teleuto auf Senecio-Arten. Bisweilen in Kulturen so stark, daß Pflanzen absterben. Kein Gegenmittel.

Melampsora tremulae. Die Äcidien als gelbe Striche auf den Maitrieben der Kiefer, diese krümmend (früher Caeoma pinitorquum, Kieferndreher, genannt). Uredo und Teleuto auf Blättern von Populus tremula. — Entfernung von Aspen aus Kiefern-Kulturen.

Cronartium asclepiadeum, eine Form des in Frankreich und Thüringen untersuchten Kiehnzopfes, dessen Äcidien auf Vincetoxicum Uredo- und Teleutosporen hervorrufen.

Der Kiehnzopf *Peridermium pini* ist die Äcidienform eines unseren Kiefernwäldern außerordentlich schädlichen Rostpilzes, dessen Entwicklungsgang noch nicht aufgeklärt ist. Die Infektion von Vincetoxicum, die Cornu in Paris mit Erfolg ausgeführt hat, bringt mit Äcidien von norddeutschem Kiehnzopf auf dieser Pflanze keinen Rost hervor. Möglich, daß unser Peridermium pini — wozu man früher auch die Äcidienform des Nadelrostes als Peridermium pini, forma acicola, gegenüber forma corticola rechnete — in verschiedene Varietäten (species sorores) aufzulösen ist, die verschiedene Wechselwirte haben. Ein solcher scheint für ein Peridermium in Livland Pedicularis palustris zu sein. — Über die

Infektion der Kiefer wissen wir noch nichts Näheres. Einstweilen ist nur der Aushieb von Kiehnzopfkiefern zu empfehlen.

An der **Weimutskiefer:**

Cronartium ribicolum, die Äcidien auf dem Stamm von P. strobus einen Blasenrost (Peridermium) erzeugend, der besonders in Baumschulen sehr großen Schaden angerichtet hat. Uredo und Teleuto auf Ribes. — Wo Weimutskiefer erzogen werden soll, darf Ribes nicht geduldet werden.

An der **Fichte:**

Chrysomyxa abietis hat nur Teleutosporen, die immer unmittelbar auf den Fichtennadeln wieder keimen.

Chrysomyxa Rhododendri — Chrysomyxa Ledi. Die Äcidien werden auf Fichtennadeln, die Uredo- und Teleutosporen auf Rhododendron und Ledum gebildet.

An der **Weißtanne:**

Melampsorella caryophyllacearum, die Äcidien auf der Tanne die winterkahlen, aufrecht wachsenden Hexenbesen (Aecidium elatinum) hervorrufend. Uredo und Teleuto auf Stellaria. — Aushieb der Hexenbesen tragenden Tannen.

Calyptospora Göppertiana, Äcidien auf den Nadeln der Weiß= tanne, Teleuto auf den verdickten Stämmen der Preißelbeere. — Ohne wirtschaftliche Bedeutung.

Wachholder:

Gymnosporangium Sabinae, die Äcidien auf Pirus-Arten, besonders Birne, den Gitterrost (Roestelia cancellata) hervorrufend. Teleuto aus perennierendem Mycel an Juniperus Sabina im Frühjahr hervorbrechend.

Gymnosporangium clavariaeforme — Gymnosporangium juniperinum. Äcidien auf Pomaceen, Teleuto aus perennierendem Mycel an Wachholder.

B. Autobasidiomyceten.

Die Autobasidiomyceten sind charakterisiert durch den Besitz der ungeteilten Basidie, die nur auf dem Scheitel (meist) 4 Sporen trägt, welche je auf einem kurzen Stielchen, dem Sterigma, sitzen.

Als Nebenfruchtformen kommen Conidien (auch Hefen) und Chlamydosporen (Oidien!) vor.

Von den 4 Klassen der Autobasidiomyceten: Dacryomyceten, Hymenomyceten, Gasteromyceten und Phalloideen ist die zweite die bei weitem artenreichste und wichtigste. Da alle ihr zu= zurechnenden Formen im Bau der Basidie übereinstimmen, bedarf es eines neuen Prinzips der Einteilung dieser Pilze und dieses ist gegeben im Bau der Fruchtkörper.

Die Basidien werden, von einigen einfach gebauten Formen abgesehen, nicht regellos frei und einzeln am Mycel gebildet, sondern in geschlossener Schicht auf einem besonderen, aus dichtem Mycel= geflecht gebildeten Lager: Hymenium. Dieses Hymenium bildet entweder eine einfach glatte Fläche, oder überzieht strauchartig ver= zweigte Gebilde oder stachelförmige Vorsprünge, oder endlich, es bekleidet wie z. B. bei den Hutpilzen auf der Unterseite typisch geformter Fruchtkörper die Wände dort gebildeter Lamellen und Röhren. Es ist hier eine Steigerung der Fruchtkörperform insofern unverkennbar, als durch die Bildung der Falten, Stacheln, Lamellen und Röhren bei möglichst geringem Aufwande von Baustoff eine wesentlich größere Basidien tragende Hymenialfläche geschaffen wird.

Dem entsprechend teilen wir die Hymenomyceten ein in

1. **Thelephoreen**: Das Hymenium stellt eine einfache glatte Fläche dar ohne Stacheln oder sonstige Erhöhungen; es bildet bei einigen Formen nur krustenförmige Überzüge des Substrats; bei anderen überzieht es besondere Fruchtkörper.

In Kulturen, namentlich in Fichtenkämpen, häufig ist *Thelephora laciniata*, dessen auf der glatten Unterseite Basidien tragende Frucht= körper die jungen Pflanzen umwachsen und nicht selten erdrücken. Der Pilz schädigt, obwohl er kein Parasit ist, die Pflanzen; durch Ausreißen und Verbrennen wird seiner Verbreitung entgegen gewirkt.

Stereum hirsutum zersetzt Eichenholz, von Aststummeln in den Stamm dringend.

2. **Clavarieen**: Das Hymenium bedeckt aufrechte glatte Keulen oder strauchig verzweigte Träger.

Hierher gehört der Ziegenbart (Clavaria und Sparassis), die im Herbst in Nadel= und Laubholz, letzterer besonders im Kiefern= walde, vorkommen und eßbar sind.

3. **Hydneen**: Das Basidien tragende Hymenium umkleidet besondere warzen=, stachel= oder kammartige Vorsprünge. Das Hymenium tragende Gewebe liegt bei manchen (auf totem Holz usw. lebenden) Formen direkt dem Substrat auf; bei anderen werden gestielte Hüte gebildet, welche die Basidien nur an der Unterseite

tragen (Gegensatz zu den „resupinaten" Formen, welche die Basidien an der Oberseite bilden).

Hierher gehören die wie alle Hydneen ungiftigen, eßbaren:

Hydnum imbricatum, Habichtsschwamm (Nadelwald).

Hydnum repandum, Stoppelpilz (Laub- und Nadelwald).

4. Agaricinen. Bei den Agaricinen oder Blätterpilzen treten die Gewebepartien der Fruchtkörper, welche das Hymenium tragen, in Gestalt von Lamellen auf. Diese sind auf der Unterseite meist hutförmiger Fruchtkörper radial strahlig angeordnet. Bei manchen Arten laufen die Lamellen vom Stiel bis zum Hutrande durch; bei anderen gabeln sie sich, so daß eine Fächerung der Hymenialflächen eintritt, welche bei ausgeprägter Entwicklung an manche Formen der Polyporeen erinnern kann.

Die Fruchtkörper sind meist schirmartig geformt mit zentralem Stiel; seltener ist der Stiel seitlich angeordnet. Im Jugendzustande ist der Hut manchmal von einer Hülle umgeben, die, in verschiedener Weise angeordnet, bei Streckung des Hutes zerreißt und deren Rudimente bei manchen Arten noch nach völliger Ausbildung des Fruchtkörpers — bisweilen als verschiebbarer Ring — am Stiel kenntlich sind oder Schuppen auf der Hutoberfläche bilden (Fliegenschwamm).

Die Familie der Agaricinen ist außerordentlich artenreich. Die einzelnen, nicht immer leicht zu bestimmenden Arten unterscheiden sich durch mehr oder weniger charakteristische Gestalt und Farbe der Fruchtkörper, durch verschiedene Art der Lamellenanordnung, durch Größe und Farbe der Sporen. Manche Arten scheiden bei Verletzungen einen typisch gefärbten Saft aus.

Die Formenkenntnis wird erschwert dadurch, daß Form und Farbe in den verschiedenen Entwicklungsstadien und auch bei trockenem und nassem Wetter wechseln, und daß die Aufbewahrung getrockneten Vergleichsmateriales sehr schwierig ist.

Eine häufige Ursache für Pilzvergiftungen ist die Verwechslung des Champignons (Agaricus campestris) mit dem äußerst giftigen Knollenblätterpilz (A. phalloides), die sich im Jugendzustande sehr ähnlich sehen, sich aber durch die Farbe der Blätter unterscheiden, die bei A. phalloides weiß, bei A. campestris niemals weiß, sondern rosarot bis chokoladenbraun ist.

Außer dem so wertvollen Champignon, der künstlich gezogen wird — in den unterirdischen Steinbrüchen bei Paris täglich bis

25000 kg — gibt es unter den Agaricinen viele eßbare Pilze, z. B. Lactaria deliciosa, echter Reizker; Cantharellus cibarius, Pfifferling; Tricholoma equestre, Grünling; Marasmius alliatus, Mousseron.

Ungenießbar: Coprinus, Tintling; Lactaria piperata, Pfeffer-Milchling, durch die Größe seiner weißen Hüte auffallend; Lepiota procera, Parasolpilz, durch seine Höhe auffallend.

Giftig: Amanita muscaria, Fliegenpilz; Amanita phalloides, der giftige Knollenblätterschwamm.

Für die Forstwirtschaft von großer Bedeutung ist:

Agaricus melleus, der Hallimasch oder Honigpilz (wegen der honiggelben Farbe der jüngeren Fruchtkörper, die im Oktober im Walde [namentlich an alten Buchenstöcken] gemein sind). Er ist ausgezeichnet durch seine Rhizomorphen, wurzelartige, von dunkelfarbiger Haut umgebene Gebilde, die im Boden fortzuwachsen und in die Wurzeln von Waldbäumen einzudringen vermögen. Er wird besonders Nadelhölzern schädlich, die er vom jüngsten bis zum höchsten Alter zu befallen vermag. Ist eine Rhizomorphe bis zum Kambium vorgedrungen, so ändert sie ihr Aussehen, geht von der Strangbildung in Flächenwachstum über, indem das Kambium verzehrt und an seiner Stelle eine papierartig weiße Pilzmasse gebildet wird. Der umklammerte Baum wird schnell getötet, verliert die Rinde, unter der nun die weiße (nachts durch Phosphoreszenz leuchtende) Pilzmasse sichtbar wird. Aus den Rhizomorphen wachsen, meist nahe dem Boden (an alten Stubben ebenso wie an jungen Pflanzen), seltener höher an getöteten Stämmen, die Fruchtkörper hervor. — Der Schaden, den dieser Pilz anrichtet, ist ungeheuer. Wir wissen aber noch nicht, nach welchen Grundsätzen er sich seine Opfer aussucht. Gegenmittel stehen daher nicht zu Gebote.

5. **Polyporeen.** Die Polyporeen sind dadurch ausgezeichnet, daß die Fruchtkörper auf ihrer Oberfläche Runzeln, verzweigte Lamellen oder Röhren bilden und daß das Hymenium nur in den durch diese gebildeten Gruben, Spalten und Röhren zur Entwicklung kommt.

Formen mit gegabelten Lamellen wie Daedalea und Lenzites, deren holzige Fruchtkörper in Konsolenform an Laub- und Nadelhölzern gebildet werden, sind in ihrem Aufbau gewissen Agaricinen verwandt.

Von dem glatten Hymenium der Telephoreen und der Stachelbildung der Hydneen läßt sich die wulst- und runzelartige Anordnung des Hymeniums von Merulius als Übergang zu der Röhrenform der eigentlichen Polyporeen ansehen.

Merulius lacrymans, der echte Hausschwamm (Tränenschwamm wegen der von dem wachsenden Mycel ausgeschiedenen Wassertropfen) zerstört verbautes Holz und gilt als der gefährlichste „Holzzerstörer", deren eine ganze Anzahl in Gebäuden usw. schädlich auftreten. Die vielen Hausschwammprozesse beruhen auf der juristischen Auffassung, daß ein Haus, in dem „der echte Hausschwamm" sich befindet, mit Fehlern behaftet ist, die nach § 459 B. G. B. für den Käufer eine Klage auf Wandelung oder Minderung ermöglichen. Das Vorkommen anderer Holzzerstörer wird nicht als in demselben Sinne die Tauglichkeit des Hauses mindernd angesehen. Daher im Prozeß die Frage: Ist der in dem Hause gefundene Pilz der echte Hausschwamm?

Gefährlich ist der Hausschwamm, weil er von einer Stelle aus mit Hilfe von starken Mycelsträngen (charakteristische Siebgefäße) durch Mauerwerk durchwachsend das Holz in verschiedenen Stockwerken zerstören kann, wobei er sich die nötige Feuchtigkeit bei der Holzzersetzung selbst schafft (Tränenbildung). — Die neueren Forschungen haben gezeigt, daß Zersetzungserscheinungen und ebenso bestimmte morphologische Merkmale des Mycels (auswachsende Schnallen), die man früher als sichere Kennzeichen des echten Hausschwammes ansah, bei anderen holzzerstörenden Pilzen in genau derselben Art vorkommen, und daß unter dem Namen Merulius lacrymans zwei verschiedene Pilze (Merulius domesticus, der allein in Häusern die gefürchteten Zerstörungen anrichtet, und Merulius sylvester, der auch im Walde vorkommt, aber für die Häuser verhältnismäßig unschädlich ist) bisher irrtümlich vereinigt wurden. Manche Keime holzzerstörender Pilze bringt das Holz aus dem Walde mit (Lenzites, Trockenfäule); manchen Infektionen ist es beim Lagern auf den Holzplätzen ausgesetzt (Coniophora, Kellerschwamm, Polyporus vaporarius, Porenhausschwamm). Die Infektion mit echtem Hausschwamm aber erfolgt von Haus zu Haus durch die milliardenweise auf den großen Fruchtkörpern gebildeten kleinen (10 μ langen) Sporen, welche durch die leiseste Luftströmung fortbewegt werden. Die genauere anatomische und biologische Untersuchung der holzzerstörenden Pilze ist Gegenstand eifrig betriebener neuerer Forschungen.

Während bei Merulius der Fruchtkörper einen einfachen pergamentartigen Überzug darstellt, zeigen andere Polyporeen, wie eingangs schon angedeutet, einen komplizierteren Aufbau der Fruchtkörper. Bei der Gattung *Boletus* finden wir schirmförmige, zentral gestielte Hüte von fleischiger Konsistenz; auf der Unterseite des Hutes, wo die Agaricinen die Lamellen haben, sind hier die Basidien tragenden Röhren angeordnet. Die künstliche Kultur eines Boletus ist bisher noch nicht gelungen. Wir kennen nur die Fruchtkörper dieser Pilze. Der gesuchteste ist

Boletus edulis, der Steinpilz, dessen Stiel fein genetzt und dessen Röhren weiß, später gelblich, im Alter grün gefärbt sind. Eßbar ist auch B. scaber (der Kapuziner) mit schlankem schuppigem Stiel und andere Arten. Sehr giftig: B. satanas, der Satanspilz, mit genetztem gelben, nach unten hin rotem Stiel und unten roten Röhren.

Gestielte Hüte kommen des weiteren noch bei einigen in den Tropen und Italien heimischen Formen vor, die interessant sind durch die Bildung eigenartiger Sklerotien, unterirdischer Knollen von besonderem Bau, aus denen die Fruchtkörper Jahr für Jahr hervorwachsen. In Italien werden diese Sklerotien Pietra fungaja genannt, die bei Polyporus sacer und P. tuberaster etwa Faustgröße erreichen; brasilianische Formen (P. Sapurema) bilden Sklerotien von 40 Pfund Gewicht und mehr.

Andere Polyporeen bilden konsolenförmige perennierende Fruchtkörper von holziger Beschaffenheit. Es gehören hierher eine Reihe von Formen, die in lebenden Bäumen gefürchtete Holzzersetzungen hervorrufen. In erster Linie ist zu nennen

Trametes pini, vor allem an Kiefer, bestimmt auch an Weimutskiefer; soll auch an Fichte, Lärche und Tanne vorkommen (?). Die anfangs gelblich-grünen, später dunkler, sammetbraun gefärbten Fruchtkörper, welche ringförmig sich erweiternd fortwachsen (aber keine Jahresringe), entwickeln auf der Unterseite in Röhren zwischen nicht fertilen Fäden (Cystiden) die Basidien mit Sporen von 5 μ Durchmesser in ungeheurer Menge (von einem größeren Fruchtkörper in einer Stunde abgeworfene Sporenmenge auf 150 Mill. gezählt). Das aus den verwehten Sporen gekeimte Mycel bringt durch kernholzhaltige Äste bis zum Stammkern vor und zersetzt das Kernholz —

nur dieses greift der Pilz an —, indem es schneller nach oben und unten wächst, sich relativ langsamer ringförmig im Stammquerschnitt verbreitet (Ringschäle). An der Einfallspforte entsteht der erste Fruchtkörper, und diese ist, da die Sporenverbreitung mit der herrschenden Windrichtung erfolgt, eine alte Astwunde an der Westseite des Baumes; die ersten und meisten Fruchtkörper finden sich daher an der Westseite. Aus stärker durchwachsenen Bäumen brechen auch an anderen höher und tiefer gelegenen Astquirlen allseitig Fruchtkörper hervor. An einem Baum sind bis 33 Konsolen gezählt.

Der Schaden in den preußischen Staatsforsten beläuft sich nach Ermittelungen jährlich auf mindestens 1 Mill. M., in ganz Deutschland auf mehrere Millionen Mark, da der Pilz in dem natürlichen Verbreitungsgebiet der Kiefer überall stark, nur in Westdeutschland weniger stark auftritt.

Da Nebenfruchtformen dem Pilze fehlen, seine Verbreitung also ausschließlich von den Konsolenfruchtkörpern ausgeht, so wird es durch energisch durchgeführte Beseitigung der Konsolen gelingen, Herr dieser unsere Kiefern-Altholzzucht in Frage stellenden Krankheit zu werden.

Da es wirtschaftlich unmöglich ist, alle schwammkranken Bäume auf einmal auszuhauen, werden in erster Linie die Stangenhölzer durch Aushieb gesäubert und vor Infektion geschützt. In den Altholzbeständen wird der Schwammaushieb auf Jahre verteilt, die Sporenverbreitung aber auch an den noch stehenbleibenden Stämmen vermindert durch Abschlagen der Konsolen und Bestreichen der gut gesäuberten Abhiebsstelle mit Raupenleim. Diese Maßregel muß gegen wieder vorbrechende Fruchtkörper nach einigen Jahren wiederholt werden.

In der Angriffsweise durch Zersetzung des Kernholzes dem vorigen ähnlich ist die durch *Polyporus sistotremoides* verursachte Stockfäule, bei der die Kernzersetzung von der Wurzel her bis mehrere Meter in den Stamm hinaufsteigt. Das zersetzte Holz hat einen charakteristischen terpentinartigen Geruch. Die Fruchtkörper werden am Boden auf flachstreichenden Wurzeln, unten am Stamm wie an toten Stöcken gebildet und sind einsommerig, nicht perennierend.

An Laubholz kommen zahlreiche perennierende, Konsolen bildende Polyporeen vor, so

P. fomentarius, Zunderschwamm, an alten Buchen, seltener an Eichen und Ulmen große Konsolen bildend. Früher als Zunder gesucht,

P. igniarius, falscher Zunderschwamm, an verschiedenen Laubhölzern vorkommend, besonders Eichen heimsuchend und hier eine Weißfäule verursachend;

Fruchtkörper von nur einjähriger Dauer haben z. B.

P. sulfureus, auf Weichhölzern und Eichen u. a. gemein, auffallend durch seine leuchtend gelbroten weichen, zu mehreren etagenartig angeordneten sehr großen Fruchtkörper,

P. betulinus, an Birke.

Nächst Trametes pini kommt unter den Polyporeen die größte forstliche Bedeutung dem Pilz der Kiefern=Wurzelfäule zu, der mit vier verschiedenen Namen benannt ist, von denen der älteste von Fries gegebene *Polyporus annosus* (bezw. Fomes annosus) nach den Regeln der Namengebung beizubehalten ist; ihm muß die in die forstliche Literatur vielfach übergegangene von R. Hartig stammende Bezeichnung Trametes radiciperda weichen. Demselben Pilz hat Brefeld einen vierten Namen Heterobasidion annosum gegeben, indem er ihn wegen seiner eigenartigen Conidienbildung einer neu aufgestellten Gattung Heterobasidion zuwies.

Dieser zuerst von R. Hartig näher untersuchte dann von Brefeld gezüchtete Pilz ist besonders in den Nadelholzwaldungen außerordentlich verbreitet, wo er in den Wurzeln lebender Bäume ebenso wie an toten Wurzelstöcken und sonstigem totem Holz lebt. Hier sind seine holzigen, teils resupinaten, teils konsolenförmigen mehrjährigen Fruchtkörper, deren Gestalt und Größe (bis Tellergröße) je nach dem Substrat sehr wechselt, überall zu finden und ausgezeichnet durch eine gelblichweiße Farbe der jungen Röhrenanlagen und eine (im Jugendzustande) schöne kastanienbraune Farbe der oberen Konsolenfläche bezw. eine ebenso gefärbte Umrandung resupinater Formen; in den älteren Zonenringen mehrjähriger Fruchtkörper ist die Farbe dunkler, schwärzlich.

Merkwürdig und noch nicht erklärt ist, warum dieser überall im Walde häufige Pilz nur Schaden anrichtet, wo alter Nichtwaldboden aufgeforstet wird (Aufforstung von altem Acker, Heide usw. mit Kiefer). Es tritt hier, besonders stark im Stangenholzalter ein ringförmiges Absterben der Kiefern ein, deren Wurzeln von dem

Pilz naßfaul zersetzt werden. Es scheint, als wenn die Krankheit sich unterirdisch von Wurzel zu Wurzel verbreitet; künstliche Infektion ist aber noch nicht gelungen, und auffallend ist, daß auf den abgestorbenen Flächen einzelne Stämme oft verschont bleiben, daß manche Bestände nach jahrelangem Kranken durch Bildung neuer gesunder Ersatzwurzeln sich wieder erholen.

Als Gegenmittel empfahl Hartig, die kranken Stellen im Bestande mit Isoliergräben zu umziehen, welche den Wurzelzusammenhang unterbrechen sollten. Es zeigte sich aber, daß gerade an den durchstochenen Wurzeln in den Gräben besonders üppig die Pilzverbreitung befördernde Fruchtkörper gebildet werden. Und zwar werden nicht nur Basidienfruchtkörper gebildet, sondern auch Conidienträger, die durch Brefelds Kulturen erst bekannt geworden sind und um derenwillen er die Gattung Heterobasidion gebildet hat. Aus der Basidienspore erwächst ein feines Mycel, das schon auf dem Objektträger im Nährlösungstropfen Conidienträger (erst einfach, dann verzweigt, schließlich in Büscheln — Coremien — vereinigt) hervorbringt, auf denen gestielte Conidien sitzen. Die Zahl der Conidien auf einem Träger schwankt, geht von vielen bis auf zwei herab; Conidienträger mit vier Conidien, wie sie bei der wechselnden Zahl nicht selten sind, haben ganz Basidien-Aussehen. So gibt das Heterobasidion eine besonders gute Stütze für die Anschauung, daß die Basidie ein nach Form und Sporenzahl bestimmt gewordener Conidienträger ist.

Im Freien werden die Conidien neben den Basidienfruchtkörpern in kleinen Erdhöhlungen — mit bloßem Auge zwar nicht sichtbar — in Masse gebildet. Ihrer Verbreitung ist durch künstliche Mittel (auch zugeworfene Gräben) kaum Einhalt zu tun (Sporenverschleppung durch Mäuse usw.).

Einstweilen muß versucht werden, durch waldbauliche Maßnahmen dem Schaden zu steuern.

Die Gasteromyceten, bei welchen die Basidien oft 6—8 Sporen tragen, haben dauernd geschlossene Früchte, in deren Inneren die Basidien verschiedenartig angeordnet sind.

Bei den Bovisten (Lycoperdon) sind die Fruchtkörper von einer einfachen Haut (Peridie) umgeben; die bis $1/2$ m im Durch=

messer haltenden Fruchtkörper entlassen beim Zerplatzen die Sporen in einer Staubwolke.

Die Erdsterne (Geaster) umgeben den Fruchtkörper mit zwei Häuten, deren äußere sternartig aufreißt.

Die Fruchtkörper von Cyathus bilden Becher, in denen an einem Strang eierförmige Gebilde angewachsen sind, welche die Basidien und Sporen enthalten.

Bei den Phalloideen entwickelt sich in einer anfangs geschlossenen Hülle ein gekammertes Gewebe (Gleba) in dessen Hohlräumen die Basidien gebildet werden. Bei der Reife platzt die Hülle und die Gleba wird durch ein trägerartiges sehr verschieden gestaltetes Receptaculum in die Höhe gehoben.

Clathrus cancellatus in Süd-Europa.

Mutinus caninus; Phallus impudicus (Gichtmorchel). Einheimische Formen, bei denen aus einer eiförmigen Hülle ein Stiel hervorbricht, welcher einen auf der Oberseite mit Basidien bedeckten Hut trägt.

Dictyophora phalloidea, die Schleierdame, eine tropische Form, ist bei sonst den vorigen ähnlicher Gestalt durch die Bildung des eigenartigen wohl als Schauapparat (neben dem starken Geruch der Phalloideen) dienenden Schleiers (Indusium) ausgezeichnet.

V. Hemiascomyceten (vergl. oben S. 18).

Es sind nur verhältnismäßig wenige Formen bekannt, unter denen keine von praktischer Bedeutung sich finden. Um so wichtiger sind sie für die Begründung der vorgetragenen Anschauungen über das natürliche System der Fadenpilze.

VI. Ascomyceten (vergl. oben Seite 17).

Die Größe und Gestalt des Ascus und der Sporen, fest bestimmt für jede Art, zeigt in der außerordentlich artenreichen Gruppe der Schlauchpilze die denkbarste Mannigfaltigkeit; zwischen kugliger und langgestreckter Form finden sich alle Übergänge.

Die Sporenzahl im Ascus ist überall, von wenigen Ausnahmen (z. B. Tuberaceen) abgesehen, acht.

Das erste Prinzip für die Einteilung der Arten wird wie bei den Basidiomyceten von der Fruchtkörperbildung hergenommen.

Bei den *Exoasci* stehen die Schläuche einzeln frei und in unregelmäßiger Anordnung am Mycel;

Bei den *Carpoasci* sind sie in Fruchtkörpern verschiedener Form angeordnet.

a) *Exoasci.*

Exoascus alni incanae, der an den Schuppen von Weiß=
erlen=Kätzchen rot gefärbte Deformationen hervorruft (Juni—Sept.),
welche die Ascen tragen.

E. epiphyllus, Hexenbesen an Erle, E. cerasi, Hexenbesen an
Kirsche, E. carpini, Hexenbesen an Hainbuche, rufen abnorme Ver=
zweigungen und Anschwellung der kranken Zweige hervor, deren
Blätter gleichfalls abnormes Aussehen haben. Gegenmittel: Aus=
schneiden der Hexenbesen.

E. pruni macht aus den Früchten der Zwetsche eigenartige,
„Taschen" oder „Narren" genannte Gebilde.

b) *Carpoasci.* Die Schläuche entstehen nicht frei am Mycel,
sondern in besonderen Fruchtkörpern.

1. Perisporiaceen. Die Schläuche sind umgeben von einer
allseitig geschlossenen Hülle, welche keine Mündung zum Entleeren
der Sporen hat; diese werden vielmehr erst nach Zerreißen der
Hülle frei.

Die größten Fruchtkörper weisen die Tuberaceen (Trüffeln)
auf, in deren Innerem die Schläuche in einer fleischigen, durch
Hohlräume in Kammern geteilten Gewebemasse angeordnet sind; die
Zahl der dickwandigen Sporen weicht von der Regel 8 ab.

Von der Entwicklung der Trüffel, deren Sporen noch nicht
zum Keimen gebracht sind, weiß man wenig. Sie gedeiht unter
Eichen auf Kalkboden, am besten in warmen sonnigen Lagen, wo
sie unterirdisch die durch Trüffelhunde gesuchten Früchte bildet.
Man kennt weder Nebenfruchtformen noch die Art ihrer etwaigen
Beziehungen zur Eiche (bezw. anderen Laubhölzern, unter denen sie
gedeiht).

Am wertvollsten ist die französische Trüffel (Tuber cibarium)
pro Kilogramm 10—20 M. (Perigord=Trüffel), von der jährlich
für 4 Mill. Fr. exportiert wird. Die deutsche Trüffel Tuber
aestivum wird pro Kilogramm mit 6—7 M. bezahlt, besonders in
Westdeutschland zu finden.

In dem Rohhumus der Kiefernwaldungen ist allgemein ver=
breitet die nicht eßbare Hirschtrüffel Elaphomyces granulatus.

Im Gegensatz zu den Trüffeln sind bei anderen zu den Peri=
sporiaceen gehörenden Pilzen die Ascusfrüchte unauffällig klein; bei
manchen Formen werden die Asci überhaupt nur verhältnismäßig

selten gebildet; es findet bei ihnen die Vermehrung in der Hauptsache nur durch die Nebenfruchtform, die Conidien, statt.

So gelang es erst Brefeld von einem der verbreitetsten Pilze, dem grünen Pinselschimmel (*Penicillium glaucum*), von dem man nur die in Pinselform kettenartig gebildeten Conidien kannte, in sterilisiertem Brot die von einer Hülle rings umgebenen Schlauchfrüchte zu ziehen, die offenbar in der Natur nur sehr selten gebildet werden und die bei der massenhaften Verbreitung dieses nirgend fehlenden Pilzes kaum eine Rolle spielen. — Andere hierher gehörende Schimmelformen (Aspergillus und Eurotium) verhalten sich dem vorigen ganz ähnlich.

Wenn es schon bei Penicillium trotz der allgemeinen Verbreitung so schwer gewesen ist, zu der bis dahin allein bekannten Conidienform die zugehörige Hauptfruchtform kennen zu lernen und diesen Pilz in das System richtig einzureihen, so ist es verständlich, wenn die Zahl der Pilze, von denen wir, wie früher bei Penicillium, nur die Nebenfruchtform, nicht aber die Hauptfrucht kennen, noch außerordentlich groß ist. Wir nennen sie *Fungi imperfecti* (Pilze, von denen unsere Kenntnis noch unvollkommen ist). Unter dieser Bezeichnung sind eine große Menge von Pilzen beschrieben und benannt, deren systematische Zugehörigkeit zu den Ascomyceten aus der Ähnlichkeit der Conidienbildung geschlossen werden kann und die, sobald ihre Zusammengehörigkeit mit einer schon beschriebenen höheren Fruchtform erwiesen ist, deren Namen erhalten müssen. Botrytis Douglasii, Phoma abietina, Septoria, Pestalozzia sind Formen solcher F. imperfecti, die als Pflanzenschädlinge praktische Bedeutung erlangen.

Ein wenn auch nicht so starkes Überwiegen der Conidienbildung wie bei Penicillium findet auch bei den Erysipheen, den Meltaupilzen, statt. Ihre die Blattoberflächen überziehenden Mycelien fruktifizieren zunächst reichlich in Conidien, den Meltau-Überzug bildend; im Herbst erscheinen als schwarze Punkte die Ascusfrüchte, die in der geschlossenen Hülle teils einen teils mehrere Schläuche enthalten. Am schädlichsten *Erysiphe Tuckeri*, der Meltau des Weines. Ähnliche Formen auf Hopfen, Rosen, 1908 in ganz Mitteleuropa auf Eichenblättern.

2. **Pyrenomyceten.** Die Ascusfrüchte der Pyrenomyceten (Perithecien) haben die Form einer Flasche, auf deren Grunde die

Schläuche stehen; die reifen Sporen werden aus dem Flaschenhalse herausgeschleudert oder herausgepreßt.

Die Pyrenomyceten sind eine an Arten außerordentlich reiche Ordnung, deren einzelne meist unscheinbare Vertreter in Vorkommen und Aussehen sich oft stark ähneln. Viele Formen kommen auf totem und krankem Holz vor; doch ist über der meisten Lebensweise und den Grad ihrer Schädlichkeit wenig Sicheres bekannt; auch werden viele noch als fungi imperfecti beschriebene Pilze dieser Ordnung zuzuweisen sein.

Nach dem Aussehen der Perithecien werden die Pyrenomyceten in zwei Gruppen eingeteilt, in die

Hypocreaceen mit fleischigen, lebhaft gefärbten Früchten und
Sphaeriaceen mit festen, dunkel gefärbten Früchten.

Zu ersteren gehörig

Claviceps purpurea, Mutterkorn, dessen Ascussporen zur Blütezeit Gräser, besonders Roggen, infizieren, in den Fruchtknoten eindringen und eine abnorme Wucherung des Kornes veranlassen. Auf den durchwucherten Körnern werden alsbald massenhaft Conidien gebildet, welche die Krankheit auf andere Körner übertragen. Nach Erlöschen der Conidienfruktifikation nimmt die Wucherung des Mutterkorns weiter zu, das zu einem violett gefärbten, hornartigen Dauergewebe (Sklerotium) wird und als solches überwintert. Aus ihm erwachsen im Frühjahr gestielte Perithecien tragende Köpfchen, von denen wieder die Infektion ausgeht.

Ähnlich ist die Entwicklung bei den *Cordyceps*-Arten, deren Sporen auf Insekten keimen, der en Körper sich unter der äußerlich unverletzten Hülle in eine Pilzmasse (Pseudomorphose) verwandeln, aus der Conidien (Isaria) und Perithecien tragende Gebilde herauswachsen. *Cordyceps militaris* befällt Raupen und Puppen (Spinner, Spanner, Nonne) und treibt aus dem in eine Pilzmasse verwandelten Körper leuchtend rote Keulen, in deren Oberfläche die Perithecien eingesenkt sind. Cordyceps befällt auch ganz gesunde Raupen, während z. B. die Flacherie (s. oben S. 12) erst die geschwächten Individuen einer zu Ende gehenden Kalamität anzugreifen pflegen. Durch Cordyceps sollen Epidemien mit Erfolg bekämpft sein. In den Tropen sind diese Insektenpilze sehr verbreitet.

Bei Nectria, deren bei uns auffallendster und verbreitetster Vertreter *Nectria cinnabarina* ist, werden die kugeligen, zinnoberroten Perithecien zwischen den leuchtend roten Conidienlagern auf der Rinde toter Zweige gebildet, von wo aus dieser die Grenze zwischen Saprophyten und Parasiten bildende Pilz auch in gesunde Stammteile vordringt: ein Beispiel, wie ein saprophytischer Pilz sich allmählich parasitischer Lebensweise anpassen kann.

Jüngere Ahorne und Ulmen werden von ihm nicht selten getötet. Um wertvolle Holzarten z. B. in Parks zu schützen, sind im Herbst und Winter die mit den roten, weithin kenntlichen Fruchtkörpern besetzten Zweige zu verbrennen.

Nectria ditissima gilt als der Erreger des Buchenkrebses. Infektionen der Buche mit dem Pilz sind freilich noch nicht gelungen; auf Obstbäumen sind aber durch Infektionen mit ihm die bekannten Krebsstellen erzeugt. Man sucht der Krankheit durch Aushieb der Krebsstämme Herr zu werden.

Polystigma rubrum, auf Pflaumenblättern durch rote Flecken auffallend, erzeugt auf einem Stroma im Sommer Conidien, im Frühjahr in den welken Blättern Perithecien.

Brasilische Nectriaceen tragen die Perithecien auf hoch organisierten Fruchtkörpern, welche im Äußeren manchen Polyporeen-Fruchtkörpern nicht unähnlich sind. Es ist dies eine im Pilzreich häufige Erscheinung, daß Vertreter ganz verschiedener Klassen (Ascomyceten und Basidiomyceten) in dem äußeren Aufbau ihrer Fruchtkörper größte Ähnlichkeit haben (so z. B. auch Morcheln und Phalleen, Trüffeln und Boviste), ohne doch miteinander blutsverwandt zu sein.

Die größte Mehrzahl der Pyrenomyceten gehört zu der zweiten, durch schwarze Fruchtkörper ausgezeichneten Gruppe, zu den Sphaeriaceen, von denen außerordentlich zahlreiche Formen sich überall auf toten Zweigen und absterbenden Pflanzen finden. Die Perithecien stehen teils einzeln, teils sind sie in einem Stroma eingebettet. Der Perithecienbildung geht meist voraus, bezw. es ist mit ihr verbunden, eine starke Conidienfruktifikation, oft in krugförmigen den Perithecien ähnlichen Behältern (Pycniden), aus deren Mündung die Conidien oft in Rankenform austreten. Von den zahlreichen Formen ist neuerdings *Valsa oxystoma* als Erreger der Erlenkrankheit viel genannt; doch findet man den Pilz nur an schon geschwächten Stämmen und Stammteilen. Ceratostoma erzeugt das Blauwerden des Holzes, Rosellinia quercina, tötet Eichenwurzeln.

Die höchste Entwicklung der Fruchtkörper unter dieser Gruppe zeigen die Xylarieen, deren Conidien und Perithecien auf geweih=

artigen Fruchtkörpern erzeugt werden, die an die Cordyceps=Arten erinnern. An alten Stubben äußerst häufig zu finden sind die Xylaria=Fruchtkörper.

3. **Hysteriaceen (Ritzenschorfe).** Die Ascusfrüchte der Hysteriaceen (Apothecien) sind ähnlich den Perithecien der Pyrenomyceten; sie gleichen diesen im Querschnitt, doch haben sie nicht wie jene eine in der Aufsicht kreisrunde sondern eine längliche Gestalt und entlassen die Sporen aus einem Längsspalt. Als Nebenfruchtformen kommen Conidienfrüchte, Pykniden, vor.

Vertreter dieser Klasse sind die Schüttepilze, nämlich *Lophodermium pinastri*, der Pilz der Kiefernschütte, der gefährlichste Feind der Kiefernkulturen. Die Apothecien schleudern namentlich im Juli=August ihre fadenförmigen Sporen aus, die auf grünen Nadeln keimen; schon im Herbst, am auffallendsten aber im Frühjahr, werden die kranken Nadeln rot und fallen dann meist schnell ab: die Kiefern schütten. Auf den roten Stellen treten erst Pykniden auf; im Hochsommer reifen die Apothecien, von denen die Infektion wieder ausgeht. — Als Gegenmittel ist mit Erfolg bei mehrjährigen Kiefern das Spritzen mit Kupferpräparaten im August angewendet. Einjährige Kiefern durch diese Mittel zu schützen ist bisher noch nicht gelungen. Deshalb ist Anlage von Kiefernsaatkämpen außerhalb der Kiefernwälder zu empfehlen.

Auf Fichte und Weißtanne rufen Pilze derselben Gruppe, *Lophodermium macrosporum* und *L. nervisequium*, ähnliche Schütteerscheinungen, eine auffallende, bei der Fichte oft das Eingehen der Bäume bedingende Entnadlung hervor. Kupfermittel sind nicht anwendbar, weil große Bäume befallen werden.

4. **Discomyceten (Scheibenpilze).** Die Apothecien der Discomyceten, die in jungen Entwicklungszuständen mehr oder weniger geschlossene Gehäuse darstellen, wie die Früchte der vorigen Gattungen, falten sich bei der Reife auseinander und zeigen scheiben=, schüssel= oder becherförmige Gestalt; die Schläuche stehen zwischen Paraphysen frei in dem oft lebhaft gefärbten Hymenium, das die Innenseite der Becher, Schüssel usw. überzieht.

Von der an Arten reichen Gruppe der Discomyceten, die auch reich an Nebenfruchtformen ist, seien als Beispiele erwähnt:

Rhytisma acerinum, das auf lebenden Ahornblättern schwarze Flecken und dort im Sommer Pykniden bildet. Die schon im Herbst in den schwarzen Sklerotien=artigen Lagern angelegten Apothecien überwintern im abgefallenen Laube und schleudern die Sporen im Frühjahr zur neuen Infektion junger Blätter aus. — Mehr auffallend als schädlich; Bekämpfung in Parks durch Verbrennen des abgefallenen Laubes.

Peziza (Dasyscypha) Willkommii, gefürchtet als Erreger des Lärchenkrebses. Am Rande der Krebsstellen fruktifiziert der Pilz außer in Conidienfrüchten in weiß umrandeten Apothecien, die ein leuchtend rot gefärbtes Hymenium tragen. — Nur waldbauliche Mittel zur Verhütung der Krankheit.

5. Helvellaceen (Morcheln). Bei den Helvellaceen werden die Schläuche nicht in kleinen Gehäusen gebildet, sondern das Schlauch tragende Hymenium überzieht die große Oberfläche besonderer fleischiger Fruchtkörper, welche an Formen der Basidiomyceten erinnern.

So erinnern die Morchel und Lorchel (*Morchella* und *Helvella*), besonders die Spitz= und Riesenmorchel in dem äußeren Aufbau des Fruchtkörpers entschieden an die Phalleen.

Flechten.

Flechten sind nicht einheitliche Pflanzenformen. Jede Flechte besteht aus einem Pilz (in der Mehrzahl: Pyrenomycet oder Discomycet), der mit einer Alge (einzelligen, Faden= oder Gallertalge) in bestimmter Gesetzmäßigkeit verbunden, einen Doppelorganismus ganz bestimmten Charakters bildet. Krustenflechten überziehen die Unterlage (Baumrinden, Steine) nur in einer dünnen Schicht, auf der die Pilzfrüchte (Perithecien und Apothecien) zur Entwicklung kommen; Laubflechten bilden einen von der Unterlage mehr oder weniger frei sich abhebenden oft mit wurzelähnlichen Gebilden angehefteten blattartigen Thallus, Strauchflechten erheben sich als allseitig gleich ausgebildete, oft reich verzweigte strauch=, baum=, korallenartige Bildungen (Usnea barbata Bartflechte, Cladonia). Die Algenzellen sind im Thallus unregelmäßig durchweg verteilt (homoiomere) oder innerhalb des Thallus auf bestimmte Schichten beschränkt (heteromere Flechten); die im Flechtenthallus eingeschlossenen Algenzellen werden auch Gonidien genannt.

Vermehrung erfolgt teils durch die Pilzsporen, die neue Vereinigung mit Algen eingehen, teils durch Soredien, das sind den Flechten eigentümliche, aus Pilzfäden und Algenzellen zusammen=

gesetzte vegetative Verbreitungsorgane, die sich vom Thallus lösen und zu selbständigen Flechten auswachsen.

Flechten ertragen ohne Schaden langes vollständiges Austrocknen und wachsen bei eintretender Feuchtigkeit ungestört weiter. Sie sind die ersten Ansiedler auf kahlem Felsgestein, auf dem die Pilzfäden Halt geben, während die Algenzellen assimilieren. Sie wachsen langsam, sind aber unendlich zählebig.

Flechtenwuchs an Baumstämmen ist nicht Ursache, sondern Folge langsamen Baumwachstums, daher langsamen Abstoßens der Borkeschuppen.

Cetraria islandica. Isländisch Moos, dient als Heilmittel, auch als Nahrungsmittel, wird gemahlen und zu Brot gebacken.

Lecanora esculenta (Manna der Wüste).

Cladonia rangiferina Renntiermoos.

Auch Farbstoffe (Orseille, Lackmus) werden aus Flechten gewonnen.

Über die in der neueren Literatur wieder stark verteidigte Sexualität der Fadenpilze, welche in dem mehrfach sicher beobachteten Vorgange der Zellkernkopulation erblickt wird, über die Irrtümer dieser Anschauung und über die wertvollen Tatsachen, welche deren Vertreter zutage gefördert haben, wird in der letzten Vorlesung ausführlicher berichtet.

MIX
Papier aus verantwortungsvollen Quellen
Paper from responsible sources
FSC® C105338

If you have any concerns about our products,
you can contact us on
ProductSafety@springernature.com

In case Publisher is established outside the EU,
the EU authorized representative is:
**Springer Nature Customer Service Center GmbH
Europaplatz 3, 69115 Heidelberg, Germany**

Printed by Libri Plureos GmbH
in Hamburg, Germany